MOHAN KUMAR R S
ARUN A P

SISTEMA AUTOMATIZADO DE FILTRAGEM DE AR PARA AVICULTURA

MOHAN KUMAR R S
ARUN A P

SISTEMA AUTOMATIZADO DE FILTRAGEM DE AR PARA AVICULTURA

SEGURANÇA AMBIENTAL

ScienciaScripts

Imprint

Any brand names and product names mentioned in this book are subject to trademark, brand or patent protection and are trademarks or registered trademarks of their respective holders. The use of brand names, product names, common names, trade names, product descriptions etc. even without a particular marking in this work is in no way to be construed to mean that such names may be regarded as unrestricted in respect of trademark and brand protection legislation and could thus be used by anyone.

Cover image: www.ingimage.com

This book is a translation from the original published under ISBN 978-620-7-64828-3.

Publisher:
Sciencia Scripts
is a trademark of
Dodo Books Indian Ocean Ltd. and OmniScriptum S.R.L publishing group

120 High Road, East Finchley, London, N2 9ED, United Kingdom
Str. Armeneasca 28/1, office 1, Chisinau MD-2012, Republic of Moldova, Europe
Printed at: see last page
ISBN: 978-620-7-67981-2

UM SISTEMA AUTOMATIZADO DE FILTRAGEM DE AR PARA AVICULTURA

RESUMO

A Internet das Coisas (IoT) tem o potencial de revolucionar a forma como os sistemas de filtragem de ar são controlados e geridos nas explorações avícolas. Este artigo descreve a conceção e o desenvolvimento de um sistema de filtragem de ar controlado pela IoT na avicultura. O sistema foi concebido para satisfazer os requisitos específicos da exploração avícola, incluindo a dimensão e a disposição das instalações, o tipo de aves de capoeira que estão a ser criadas e as condições ambientais presentes. O sistema tem de ser fabricado com equipamento e materiais especializados e equipado com sensores e controladores que permitam a sua monitorização e controlo à distância através de um smartphone. O sistema proposto é composto por um filtro de ar, um ventilador, um controlador e sensores. O filtro de ar foi concebido para remover partículas transportadas pelo ar, como poeiras e gases contaminados presentes na exploração avícola, como monóxido de carbono, dióxido de carbono e amoníaco. O ventilador é utilizado para fazer circular o ar no aviário e puxá-lo através do filtro. O controlador é responsável pelo controlo da velocidade da ventoinha, pelo horário de limpeza do filtro e pela monitorização da qualidade do ar. Os sensores detectam o nível de partículas transportadas pelo ar e ajustam a velocidade do ventilador em conformidade. Este sistema de filtragem de ar controlado pela IoT representa uma melhoria significativa em relação ao sistema convencional devido à sua capacidade de automatizar os processos de filtragem do ar, permitindo simultaneamente aos agricultores um acesso fácil a partir de qualquer lugar, a fim de monitorizar as suas operações de forma mais eficiente. O sistema será concebido para ser eficiente em termos energéticos e económico, garantindo que é acessível a uma vasta gama de avicultores. A eficácia do sistema de filtragem do ar será avaliada através de vários testes, incluindo medições da qualidade do ar antes e depois da instalação.

ÍNDICE DE CONTEÚDOS

TABELA DE ABREVIATURAS

HEPA FILTER - HIGH EFFICIENCY PARTICLE ARRESTING

UVGI SYSTEM - ULTRAVIOLET GERMICIDAL IRRADIATION

CAPÍTULO - 1

INTRODUÇÃO

Os sistemas de filtragem do ar são importantes para manter uma boa qualidade do ar nas explorações avícolas. Nos sistemas tradicionais, os exaustores são ligados e desligados manualmente e a qualidade do ar não é monitorizada pelo agricultor ou por outro pessoal. No entanto, esta abordagem tem várias limitações, incluindo a necessidade de intervenção humana constante, o risco de erro humano e a incapacidade de monitorizar e controlar continuamente a qualidade do ar. Para ultrapassar estas limitações, foram desenvolvidos sistemas automatizados de filtragem do ar. Estes sistemas utilizam sensores, controladores e outros componentes para ligar e desligar automaticamente o filtro de ar e para monitorizar e controlar continuamente a qualidade do ar na exploração avícola. Os sistemas automatizados de filtragem do ar podem melhorar significativamente a eficiência e a eficácia da filtragem do ar nas explorações avícolas.

Neste projeto, descrevemos a conceção e o fabrico de um sistema automatizado de filtragem de ar para a avicultura. O sistema foi concebido para satisfazer os requisitos específicos da exploração avícola, incluindo o tamanho e a disposição das instalações, o tipo de aves que estão a ser criadas e as condições ambientais presentes. O sistema será fabricado com equipamento e materiais especializados e será instalado de acordo com as normas da indústria.

1.1 ÂMBITO DO PROJECTO

O âmbito dos sistemas automatizados de filtragem do ar pode variar consoante a aplicação específica e os requisitos do sistema. Em geral, o âmbito de um sistema de filtragem de ar automatizado pode incluir - Identificar a qualidade do ar e os requisitos de filtragem da aplicação ou ambiente específico, como uma exploração avícola, um laboratório, uma instalação de fabrico ou um edifício residencial ou comercial. Testes e Avaliar o desempenho do sistema de filtragem do ar para garantir que é eficaz na manutenção de uma boa qualidade do ar na avicultura.

1.2 OBJECTIVOS DO PROJECTO

Os principais objectivos da implementação de um sistema de filtragem de ar automatizado na avicultura são manter uma boa qualidade do ar e reduzir a quantidade de gases odoríferos que entram nas imediações. Os sistemas de filtragem do ar ajudam a remover o pó, a sujidade, o gás amoníaco e outros contaminantes do ar, o que pode melhorar a qualidade do ar na exploração avícola e reduzir o risco de doenças respiratórias nas imediações. Para melhorar a qualidade do ar, é utilizado um filtro de ar automatizado, que ajuda a reduzir as doenças causadas pelos gases produzidos pelas aves de capoeira.

CAPÍTULO - 2

IDENTIFICAÇÃO DO PROBLEMA

O ar contaminado é um problema grave na avicultura, pois pode provocar doenças respiratórias e outros problemas de saúde que podem afetar o bem-estar das pessoas que as rodeiam. Algumas fontes potenciais de ar contaminado na avicultura incluem poeira, sujidade, amoníaco e bactérias. Os gases odoríferos produzidos pelas explorações avícolas podem ter impactos negativos no ambiente, incluindo poluição atmosférica e odores que podem ser desagradáveis para os residentes próximos. Estes odores podem ser provocados por uma série de factores, incluindo o estrume das explorações avícolas. Níveis elevados de amoníaco no ar causam problemas respiratórios.

CAPÍTULO - 3
PESQUISA BIBLIOGRÁFICA

O estudo examinou o impacto de um sistema automatizado de filtragem do ar na qualidade do ar e na saúde respiratória dos frangos de carne. O estudo utilizou uma experiência controlada para comparar o desempenho de um sistema de filtragem de ar automatizado com o de um sistema manual numa exploração avícola. Os autores atribuem estas melhorias à capacidade do sistema automatizado de monitorizar e controlar continuamente as unidades de filtragem do ar, o que ajudou a manter uma boa qualidade do ar e a evitar a acumulação de contaminantes na exploração avícola. Em termos gerais, o estudo sugere que os sistemas automatizados de filtragem do ar podem ser eficazes para melhorar a qualidade do ar e reduzir o risco de doenças respiratórias nas aves de capoeira. No entanto, os autores referem que é necessária mais investigação para compreender plenamente os benefícios e as limitações destes sistemas e para otimizar a sua conceção e funcionamento[19] .

Sistemas automatizados de filtragem de ar para explorações avícolas - O artigo apresenta uma panorâmica dos benefícios e desafios da implementação de sistemas automatizados de filtragem de ar em explorações avícolas, e discute diferentes tipos de sistemas e as suas características de desempenho. O artigo refere que a qualidade do ar é um fator importante para a saúde e produtividade das aves de capoeira e que os sistemas de filtragem de ar podem ajudar a melhorar a qualidade do ar e a reduzir o risco de doenças respiratórias nas aves. Os sistemas automatizados de filtragem do ar são particularmente atractivos porque podem ser monitorizados e controlados à distância, o que pode reduzir a necessidade de intervenção manual e o risco de erro humano. O artigo discute vários tipos de sistemas automatizados de filtragem do ar, incluindo precipitadores electrostáticos, filtros de partículas de ar de alta eficiência (HEPA) e sistemas de irradiação germicida ultravioleta (UVGI). Os autores também analisam o desempenho destes sistemas em termos da sua capacidade de remover poeiras, sujidade e outros contaminantes do ar, e de reduzir o risco de doenças respiratórias nas aves de capoeira[15] .

O amoníaco é um gás produzido pela decomposição das proteínas presentes na urina e no estrume dos animais. Níveis elevados de amoníaco nos aviários podem ser prejudiciais para as aves, provocando problemas respiratórios e uma redução da produtividade. Por conseguinte, é importante controlar os níveis de amoníaco nestes ambientes. A publicação no blogue sugere várias estratégias para controlar os níveis de amoníaco nos aviários, incluindo Ventilação adequada: Uma ventilação adequada pode ajudar a diluir e a remover o amoníaco do ar. Limpeza regular e gestão do estrume: A remoção e a eliminação adequada do estrume podem ajudar a reduzir a produção de amoníaco. Utilização de materiais absorventes: Certos materiais, como a zeólita, podem absorver o amoníaco do ar e ajudar a reduzir os seus níveis. Utilização de sistemas de filtragem do ar: Os sistemas de filtragem de ar podem ajudar a remover o amoníaco e outros contaminantes do ar, melhorando a qualidade do ar no aviário. Em geral, o artigo do blogue fornece informações e estratégias úteis para controlar os níveis de amoníaco nos aviários, o que pode ajudar a melhorar a saúde e a produtividade das aves[6] .

O sistema foi concebido para fornecer uma solução rentável, eficiente e fiável aos criadores de aves. É composto por um alimentador, um controlador e uma fonte de alimentação. O alimentador foi concebido para distribuir ração em intervalos e quantidades pré-determinados. O controlador é responsável por controlar o funcionamento do alimentador e monitorizar o seu desempenho. A fonte de alimentação fornece a energia necessária para o funcionamento do sistema. O sistema foi testado em ambiente laboratorial e revelou-se fiável e eficiente no fornecimento de alimentos às explorações avícolas. Verificou-se também que é económico em comparação com os sistemas de alimentação manual. Além disso, observou-se que o sistema podia ser facilmente integrado nas infra-estruturas existentes das explorações avícolas, com o mínimo de modificações necessárias. Este sistema de alimentação automatizado pode ajudar a reduzir os custos de mão de obra associados aos sistemas de alimentação manual, aumentando simultaneamente a eficiência e a fiabilidade do fornecimento de alimentos às explorações avícolas[27].

A utilização de filtros biotrickling para a remoção de amoníaco do ar, com ênfase na utilização destes filtros em operações de criação de animais, tais como explorações avícolas. Os filtros biotrickling são um tipo de sistema de filtragem do ar que utiliza bactérias para decompor e remover contaminantes do ar. No caso do amoníaco, as bactérias no filtro consomem o amoníaco e convertem-no em subprodutos inofensivos. O documento discute os vários factores que podem afetar o desempenho dos filtros biotrickling para a remoção do amoníaco, incluindo o tipo e a concentração de bactérias utilizadas, o caudal do ar e a temperatura e humidade do ar. Em geral, o documento fornece informações úteis sobre a utilização de filtros biotrickling para a remoção de amoníaco do ar e sugere que estes filtros podem ser uma solução eficaz e ecológica para reduzir os níveis de amoníaco nas operações de criação de animais [7]. um dispositivo de baixo custo desenvolvido utilizando o conceito de Internet das Coisas (IoT) para a monitorização ambiental em explorações avícolas. O dispositivo foi concebido para monitorizar a temperatura, a humidade relativa, a concentração de amoníaco no ar e outros parâmetros que afectam o bem-estar e a produtividade das aves de capoeira. O sistema é composto por sensores, um microcontrolador e um módulo de comunicação sem fios que envia dados para uma plataforma baseada na nuvem para análise. O sistema foi testado num ambiente de laboratório e revelou-se eficaz na monitorização em tempo real das condições ambientais nas explorações avícolas. Observou-se que o sistema pode ajudar os agricultores a identificar potenciais riscos para a saúde e a tomar medidas correctivas antes de estes se tornarem problemas graves. Além disso, o sistema pode ajudar a reduzir os custos de mão de obra associados à monitorização manual, aumentando simultaneamente a eficiência na gestão das explorações avícolas. De um modo geral, este sistema de monitorização ambiental baseado na Internet das coisas pode ajudar a melhorar o bem-estar e a produtividade das aves de capoeira, fornecendo capacidades de monitorização em tempo real a baixo custo[33]. Emissão de gases nocivos das explorações avícolas e possibilidades da sua redução - O documento discute a emissão de gases nocivos das explorações avícolas, incluindo o amoníaco e outros irritantes respiratórios, e os vários métodos que podem ser utilizados para reduzir essas emissões. O documento descreve as fontes de emissões de gases nocivos nas explorações avícolas, incluindo os resíduos animais e a utilização de aditivos alimentares. O documento também discute os impactos negativos destas emissões na saúde humana e no ambiente, incluindo a poluição do ar e o risco de doenças respiratórias. O documento aborda vários métodos que podem ser utilizados para reduzir as emissões de gases nocivos das explorações avícolas, incluindo a melhoria das práticas de gestão do estrume, a utilização de sistemas de filtragem do ar e a adoção de estratégias alternativas de alimentação. O documento também discute os potenciais benefícios e limitações destes métodos, e fornece recomendações para a sua implementação. Em geral, o documento fornece informações úteis sobre a emissão de gases nocivos das explorações avícolas e os vários métodos que podem ser utilizados para reduzir essas emissões. Salienta a importância de abordar estas emissões, a fim de proteger a saúde humana e o ambiente[14].

Um sistema de gestão da informação seguro e eficiente para a avicultura. O sistema é composto por três camadas: uma camada de aplicação com módulos para gerir dados, como a deteção de doenças, uma camada de serviço de dados que utiliza o armazenamento de bases de dados na nuvem e uma camada de deteção de informações que recolhe informações sobre a produção/exploração através de uma rede de sensores sem fios. Foram efectuados testes sobre o desempenho deste protótipo em termos da sua capacidade de adquirir e gerir informações sobre a avicultura, tendo sido obtidos resultados promissores. Por último, avalia-se a forma como estas tecnologias podem ser utilizadas em conjunto para criar um sistema eficaz que satisfaça as necessidades dos agricultores, proporcionando simultaneamente um ambiente seguro para os seus animais[21] .

A plataforma destina-se a melhorar a eficiência e a produtividade das explorações avícolas, fornecendo monitorização e controlo em tempo real de vários aspectos da cadeia de produção. O sistema é composto por uma rede de sensores, controladores e software baseado na nuvem que trabalham em conjunto para recolher dados sobre vários parâmetros, como a temperatura, a humidade, o consumo de ração e a utilização de água. Estes dados são depois analisados utilizando algoritmos de aprendizagem automática para fornecer informações sobre o desempenho da cadeia de produção. A plataforma inclui ainda uma aplicação móvel que permite aos agricultores monitorizar e controlar as suas operações à distância. O sistema foi testado em ambiente laboratorial e revelou-se eficaz na melhoria da eficiência e da produtividade das explorações avícolas. Observou-se que o sistema pode ajudar a reduzir os custos de mão de obra associados à monitorização manual, aumentando simultaneamente a eficiência na gestão das explorações avícolas. Globalmente, esta plataforma IoT pode ajudar a melhorar a rentabilidade e a sustentabilidade das cadeias de produção avícola, fornecendo capacidades de monitorização e controlo em tempo real[30] .

O conceito de ventilação com ar filtrado sob pressão positiva (FAPP) para isolar os animais livres de doenças de ambientes contaminados. Esta ideia foi proposta pela primeira vez por trabalhadores alemães do século XIX, Nuttall e Thierfelder, numa revisão publicada por Luckey em 1963. Reyniers e outros desenvolveram equipamento moderno de isolamento FAPP para laboratórios que demonstraram que as galinhas podiam ser mantidas livres de doenças através da reprodução quando mantidas isoladas utilizando este sistema.

Atualmente, os pequenos isoladores são utilizados por rotina em alguns laboratórios para produzir pintos isentos de doenças, bem como para proteger os pintos susceptíveis de contaminação fora do seu ambiente. A necessidade destes sistemas tem aumentado ao longo do tempo devido ao facto de os fabricantes de vacinas exigirem ovos férteis isentos de vírus, de os criadores de aves de capoeira procurarem reprodutores sem a maioria das doenças e de os investigadores necessitarem de um fornecimento constante de ovos/pintos saudáveis, sem quaisquer anticorpos ou agentes causadores de doenças[22] .

O sistema foi concebido para monitorizar e controlar remotamente os filtros de ar através de um smartphone ou computador. A solução proposta baseia-se na arquitetura IoT e utiliza sensores, microcontroladores e computação em nuvem para garantir a precisão das medições e a eficiência energética a baixo custo. A presente investigação propõe uma solução de controlo actualizada para sistemas AVAC baseada na arquitetura IoT. A solução foi concebida para comunicar com o sistema de gestão de edifícios (BMS) e fornecer análise de dados em tempo real para uma melhor tomada de decisões. Este artigo resume uma revisão da literatura sobre as aplicações da IoT com o objetivo de melhorar a utilização da energia nos edifícios e reduzir as emissões de carbono. A utilização da IoT em sistemas energéticos inteligentes facilita uma ampla oferta de variedade que consiste principalmente em aquecimento, ventilação e ar condicionado (AVAC). Este estudo propõe uma nova estrutura de gémeo digital do sistema de aquecimento, ventilação e ar condicionado (HVACDT) para reduzir o consumo de energia e aumentar a eficiência do desempenho. De um modo geral, este documento descreve uma solução inovadora para melhorar a eficiência energética dos sistemas AVAC que poderá ajudar os indivíduos e as organizações a poupar dinheiro nas suas facturas de energia, reduzindo simultaneamente a sua pegada de carbono[10] .

Os efeitos das alterações diurnas, dos sistemas de criação sazonais e do estilo de alojamento na produção de poeiras no interior dos aviários. O estudo mediu várias gamas de concentrações de partículas de poeira no interior de sistemas de aviários e gaiolas com galinhas poedeiras ao longo de um dia durante duas estações diferentes. Tentou-se melhorar a qualidade do ar purificando o ar recirculado no interior do aviário utilizando sistemas de filtragem como o filtro seco, o ciclone ou o sistema de filtragem húmida. Foram efectuadas experiências à escala laboratorial para selecionar um sistema de filtragem adequado para ser testado numa exploração comercial, o que resultou numa redução de 55% da eficiência da concentração no interior e numa redução de 72% da eficiência da taxa de emissão com a utilização do filtro seco concebido[24] .

A necessidade de melhorar a produção de carne para fazer face ao crescimento previsto da população mundial. Salienta que a manutenção da saúde e do bem-estar dos animais é uma prioridade tanto para os agricultores como para os consumidores, uma vez que não pode ser feita a qualquer custo. Para o efeito, introduz a plataforma Poultry Chain Management (PCM), que recolhe dados em diferentes fases da cadeia de produção avícola com o objetivo de determinar os níveis de qualidade e identificar os problemas críticos que causam ineficiências no processo. Esta informação pode então ser utilizada pelos decisores para melhorar a eficiência global, assegurando simultaneamente um nível ótimo de bem-estar animal em todas as circunstâncias. Além disso, a GCP também ajuda a identificar potenciais áreas onde a produtividade pode aumentar ou onde podem ocorrer poupanças de custos ao longo do tempo devido à sua implementação. Os resultados da GCP sugerem que a sua aplicação conduziria a melhores normas de qualidade para os produtos à base de carne produzidos através dessas cadeias, bem como a melhores práticas de gestão em cada fase dessas cadeias, até à fase de entrega do produto final[31] .

Uma proposta de hardware e software de baixo custo para monitorizar parâmetros ambientais como a temperatura, a humidade, os níveis de amoníaco e a luminosidade em explorações avícolas. O bem-estar animal é uma questão importante nos dias de hoje devido ao impacto que o ambiente tem na produtividade animal. Por isso, é necessário procurar soluções que nos permitam monitorizar estas variáveis de uma forma prática. - A tecnologia da Internet das Coisas (IoT) fornece conetividade entre dispositivos para que eles possam enviar dados detectados a longas distâncias com o mínimo de esforço ou custo envolvido. Foram realizados experimentos comparando o protótipo proposto com equipamentos comerciais utilizados atualmente pelos produtores rurais; os resultados mostraram correlação acima de 0,90 entre os sensores utilizados neste protótipo em comparação com equipamentos calibrados, custando apenas 13% dos convencionais; assim, a implementação foi considerada viável com base nos resultados favoráveis dos experimentos realizados com este dispositivo, indicando seu potencial de uso entre as agroindústrias que buscam formas eficientes de monitorar o ambiente de seus animais sem quebrar as contas bancárias[35] .

Os resultados da investigação nas explorações agrícolas realizada nos Países Baixos durante os últimos 20 anos para estudar os depuradores ácidos e os filtros biotrickling para a remoção de amoníaco (NH3) do ar de exaustão em suiniculturas e aviários. Os purificadores de ácido apresentaram uma taxa média global de remoção de NH3 de 96%, com uma variação entre 40% e 100%. Os filtros biotrickling, no entanto, tiveram uma taxa média global de remoção de NH3 de 70%, variando entre -8% e +100%. Os tempos mínimos de permanência em leito vazio (EBRT) foram de 0,4 segundos para os sistemas de lavadores ácidos e de 0,5 segundos para os sistemas de filtros biotrickling, respetivamente. O controlo do processo através da medição do pH foi suficiente para garantir níveis adequados de remoção de NH3 no caso dos lavadores ácidos, ao passo que é necessário melhorar o controlo do processo no caso do sistema de filtração biotrickling. As taxas de remoção de odores variaram entre 3% e 51% no caso dos lavadores ácidos, enquanto que no caso dos filtros biotrickling variaram entre 29% e 87%, em comparação com a média global de 27 e 51, respetivamente. É necessário continuar a investigação para explicar esta variação e melhorar a eficiência da remoção de odores tanto dos lavadores de ácido como dos filtros biotransparentes[18] .

Um modelo híbrido de telefones celulares e RSSFs para granjas avícolas inteligentes. Utiliza serviços de nuvem como base de dados e descarga computacional para otimizar as lógicas de transmissão, a fim de monitorizar/controlar o comportamento do ambiente. É proposta uma metodologia para o arquivamento de imagens que pode ser utilizada para classificar com precisão a população de aves de capoeira com cálculos de baixa complexidade, ou seja, uma taxa de precisão de 80% alcançada por esta técnica em relação a outras técnicas bem conhecidas atualmente disponíveis. Devido aos avanços tecnológicos, os sensores têm sido amplamente utilizados em muitos sectores, incluindo a agricultura, onde são extremamente úteis, tanto do ponto de vista dos ganhos de produtividade como da redução dos custos operacionais, devido à sua capacidade de deteção em tempo real das fases ambientais que afectam a criação de animais, permitindo o apoio à tomada de decisões em tempo útil, mas com algumas limitações, tais como a mobilidade, a cobertura, etc. Esta investigação centra-se na integração de redes de sensores sem fios e de sistemas móveis, juntamente com uma plataforma conhecida para o serviço de escalabilidade através de uma arquitetura híbrida que recolhe dados como a temperatura, a humidade, a intensidade da luz e a densidade populacional, seguida de análises que conduzem à tomada de decisões atempadas, ajustando o comportamento do ambiente em conformidade. Os componentes de instrumentação discutidos incluem implementações práticas de topologia, lógica de transmissão melhorada, interfaces de controlo de afinação externa que integram unidades de processamento de imagem da interface de gestão do utilizador, para além da conceção de protótipos que envolvem telemóveis e controladores de sensores. Foi efectuada uma investigação experimental sobre as características do consumo de energia, especialmente as transmissões de imagens de alto custo, que ilustram um desempenho excecional[32] . O sistema é composto por um purificador de ar, sensores e um microcontrolador que estão ligados à Internet e podem ser controlados remotamente através de um smartphone ou computador. O sistema utiliza a computação periférica e a arquitetura IoT para garantir a precisão das medições e a eficiência energética a baixo custo. A solução proposta foi concebida para apoiar os governos na monitorização da poluição urbana através da combinação de feedbacks/relatórios dos utilizadores e da análise de dados sobre a qualidade do ar em tempo real. Este estudo propõe um nó de deteção inteligente de longo alcance (LoRa) para recolher atempadamente a informação sobre a qualidade do ar e actualizá-la na nuvem. O nó de deteção de longo alcance desenvolvido pode ser utilizado para a recolha atempada de informações sobre a qualidade do ar em áreas remotas com baixa largura de banda ou sem ligação à Internet. Em termos gerais, este documento descreve uma solução inovadora para melhorar a qualidade do ar interior que pode ajudar os indivíduos e os governos a monitorizar e gerir o seu ambiente de forma mais eficaz[3] .

A máquina utiliza um motor de engrenagens de corrente contínua para controlar o processo de alimentação e foi concebida para imitar o papel dos tratadores de aves na vida real, fornecendo ração e água às aves em intervalos de tempo específicos. O documento não fornece pormenores sobre a forma como o smartphone controla a máquina, mas salienta que esta funcionalidade facilita aos agricultores a monitorização e gestão das suas aves de capoeira a partir de qualquer lugar. O documento não discute quaisquer pontos fracos ou fortes da máquina, mas fornece uma visão geral da sua conceção e funcionalidade. De um modo geral, este documento descreve uma solução inovadora para automatizar a alimentação das galinhas que pode ajudar os agricultores a poupar tempo e a melhorar a sua produtividade[28] .

Uma revisão abrangente de várias estratégias para mitigar os poluentes atmosféricos nas instalações de gado e aves que utilizam ventilação mecânica. Os autores discutem as fontes de poluentes atmosféricos nestas instalações, incluindo resíduos animais, alimentos para animais, camas e materiais de construção. Em seguida, analisam diferentes estratégias de mitigação, como sistemas de filtragem, sistemas de biofiltragem e tratamentos químicos. Os autores também destacam a importância da manutenção e operação adequadas dos sistemas de ventilação para garantir a sua eficácia na redução dos poluentes atmosféricos. Concluem que é necessária uma combinação de diferentes estratégias de atenuação para reduzir eficazmente os poluentes atmosféricos nas instalações de criação de gado e de aves de capoeira com ventilação mecânica. Os resultados podem ser utilizados por agricultores, investigadores e decisores políticos para desenvolver estratégias eficazes de redução da poluição atmosférica proveniente destas instalações[21] .

Sabe-se que a poluição do ar tem uma série de efeitos toxicológicos na saúde humana, com fontes de emissão que incluem poeiras, produtos químicos e outros poluentes. As poeiras das aves de capoeira são um dos principais componentes da poluição atmosférica nos aviários e podem afetar a saúde das aves, bem como os sistemas de ventilação. As directrizes da OMS para a qualidade do ar interior centram-se em poluentes seleccionados que estão normalmente presentes no ar interior. Nos aviários, as partículas de aerossol podem atuar como irritantes para o sistema respiratório, provocando tosse como resposta para as remover. Os sistemas automatizados de filtragem do ar podem ajudar a melhorar a qualidade do ar nos aviários, controlando a quantidade de poeiras e outros poluentes presentes no ambiente. O presente documento tem por objetivo avaliar o impacto destes sistemas na qualidade do ar e na saúde respiratória dos frangos de carne[19] .

O estudo concluiu que a filtragem do ar por recirculação resultou na menor concentração total de poeiras (0,12 mg/m^3) e na melhor saúde pulmonar dos animais do estábulo. Os sistemas de produção de suínos variam consoante os países, sendo que as práticas de biossegurança e os prestadores de cuidados de saúde dos efectivos desempenham um papel importante na manutenção da saúde dos animais. A transmissão de bactérias resistentes a antibióticos, como o MRSA e a ESBL-E, pode ocorrer através de partículas de poeira, o que torna importante medir o MRSA transmitido pela poeira em explorações de suínos utilizando diferentes métodos de amostragem. Foi demonstrado que os sistemas de filtragem de ar recirculante sustentados por UVC reduzem os níveis de bactérias transportadas pelo ar, melhorando a saúde e o desempenho dos animais. Este documento procura avaliar o impacto de tais sistemas no clima estável, na saúde animal e no desempenho dos suínos de engorda numa exploração suinícola comercial [24]

CAPÍTULO - 4
SISTEMA ACTUAL

4.1 Filtros mecânicos

Os filtros mecânicos utilizam barreiras físicas, como telas ou malhas, para remover os contaminantes do ar. Estes filtros podem ser feitos de vários materiais, incluindo fibra de vidro, poliéster e polipropileno, e estão disponíveis em diferentes tamanhos e eficiências. Os filtros mecânicos funcionam retendo os contaminantes no ar à medida que passam pelo material do filtro. A eficiência de um filtro mecânico é normalmente medida em termos do seu tamanho mínimo de partícula, que indica o tamanho mais pequeno de contaminante que o filtro pode efetivamente remover do ar. Por exemplo, um filtro com um tamanho mínimo de partículas de 1 mícron será capaz de remover contaminantes de tamanho igual ou superior a 1 mícron. Os filtros mecânicos são amplamente utilizados numa variedade de aplicações, incluindo a purificação do ar, o controlo de poeiras e os sistemas de ventilação. No contexto da avicultura, os filtros mecânicos podem ser utilizados para remover poeiras, sujidade e outros contaminantes do ar, ajudando a melhorar a qualidade do ar e a reduzir o risco de doenças respiratórias nas aves.

4.2 Filtros químicos

Os filtros químicos utilizam produtos químicos ou materiais absorventes para remover os contaminantes do ar. Estes filtros podem ser feitos de carvão ativado, zeólito ou outros materiais absorventes, e são eficazes na remoção de gases, odores e outros contaminantes químicos. Os filtros químicos são normalmente feitos de materiais altamente porosos e com uma grande área de superfície, como o carvão ativado ou a zeólita. Estes materiais têm uma elevada afinidade para certos tipos de contaminantes e podem remover eficazmente gases, odores e outros contaminantes químicos do ar à medida que este passa pelo filtro. Os filtros químicos são amplamente utilizados numa variedade de aplicações, incluindo a purificação do ar, o controlo de odores e o tratamento da água. No contexto da criação de aves de capoeira, os filtros químicos podem ser utilizados para remover gases, como o amoníaco, e outros contaminantes químicos do ar, ajudando a melhorar a qualidade do ar e a reduzir o risco de doenças respiratórias nas aves. No entanto, os filtros químicos podem não ser tão eficazes na remoção de contaminantes particulados, como poeira e sujidade, e podem exigir manutenção regular e substituição do meio filtrante.

4.3 Filtros biológicos

Os filtros biológicos utilizam bactérias ou outros microorganismos para decompor e remover os contaminantes do ar. Estes filtros podem ser eficazes na remoção de amoníaco e outros gases, mas requerem manutenção regular e podem ter uma capacidade limitada. Os filtros biológicos podem ser eficazes na remoção de gases, como o amoníaco, do ar, uma vez que os microrganismos no filtro consomem os contaminantes e convertem-nos em subprodutos inofensivos. No entanto, os filtros biológicos podem ter uma capacidade limitada e podem exigir uma manutenção regular para garantir que os microrganismos estão saudáveis e activos. Além disso, os filtros biológicos podem não ser tão eficazes na remoção de contaminantes particulados, como poeira e sujidade, e podem não ser adequados para todos os tipos de aplicações. No contexto da criação de aves, os filtros biológicos podem ser utilizados para remover amoníaco e outros gases do ar, ajudando a melhorar a qualidade do ar e a reduzir o risco de doenças respiratórias nas aves. No entanto, é importante considerar cuidadosamente as vantagens e limitações dos filtros biológicos e garantir que são corretamente concebidos e operados de modo a alcançar os resultados desejados.

4.4 Sistemas UVGI:

Os sistemas UVGI utilizam luz ultravioleta para matar ou inativar os microrganismos presentes no ar. Estes sistemas podem ser eficazes na redução do risco de doenças respiratórias nas aves, mas podem não ser tão eficazes na remoção de gases e outros contaminantes. Os sistemas UVGI são amplamente utilizados numa série de aplicações, incluindo a purificação do ar, o tratamento da água e a transformação de alimentos. No contexto da criação de aves de capoeira, os sistemas UVGI podem ser utilizados para reduzir o risco de doenças respiratórias nas aves, matando ou inactivando os agentes patogénicos respiratórios presentes no ar. No entanto, é importante notar que os sistemas UVGI podem não ser tão eficazes na remoção de gases e outros contaminantes do ar, uma vez que não removem diretamente esses contaminantes do ar. Em vez disso, dependem da esterilização dos microrganismos que podem estar a produzir ou a transportar esses contaminantes. Consequentemente, os sistemas UVGI podem ser mais eficazes quando utilizados em combinação com outros sistemas de filtragem do ar, tais como filtros mecânicos ou químicos, que são especificamente concebidos para remover gases e outros contaminantes do ar.

Fig.4.4a Filtro UVGI

Imagem de [Himanshu Agarwal] via [Magneto Clean Tech]

4.5 Filtro de ar Munters:

A Munters é uma empresa que fabrica equipamento de limpeza e
desumidificação do ar para uma variedade de indústrias, incluindo a avicultura.
Algumas das características dos purificadores de ar Munters que podem ser
utilizados na avicultura incluem:

• Filtragem do ar: Os filtros de ar Munters utilizam filtros de alta eficiência
para remover poeira, sujidade e outros contaminantes do ar.

• Controlo de odores: Alguns purificadores de ar Munters são concebidos para
remover odores do ar, o que pode ser benéfico num ambiente de criação de aves.

• Controlo da humidade: A criação de aves envolve frequentemente o controlo
dos níveis de humidade no ambiente para garantir a saúde e o bem-estar das
aves. Os purificadores de ar Munters podem ajudar a regular os níveis de
humidade, removendo o excesso de humidade do ar.

• Ventilação: A ventilação adequada é importante num ambiente de criação de
aves de capoeira para garantir que as aves têm acesso a ar fresco e limpo. Os
purificadores de ar Munters podem ajudar a melhorar a ventilação, removendo o
ar viciado ou contaminado e substituindo-o por ar fresco.

• Eficiência energética: Muitos purificadores de ar Munters são projetados para
serem eficientes em termos de energia, o que pode ajudar a reduzir os custos
operacionais em uma operação de criação de aves.

Fig.4.5a Filtro de ar Munters

Imagem de [Merete Lyngbye] via [empresa Munters]

CAPÍTULO - 5

SISTEMA PROPOSTO

5.1 Filtro de ar de controlo automatizado IOT

Um sistema de filtragem de ar automatizado que seja controlado através da Internet das Coisas (IoT) pode proporcionar benefícios adicionais numa exploração avícola. Algumas das formas em que um sistema de filtragem de ar controlado por IoT pode ajudar na avicultura incluem:

• Controlo remoto: Com um sistema controlado por IoT, é possível monitorizar e controlar remotamente o sistema de filtragem de ar a partir de qualquer lugar com uma ligação à Internet. Isto pode ser especialmente útil se estiver a gerir uma grande operação de criação de aves e precisar de aceder ao sistema a partir de vários locais.

• Dados em tempo real: Um sistema de filtragem de ar controlado por IoT pode fornecer dados em tempo real sobre a qualidade do ar, os níveis de humidade e outros factores importantes numa exploração avícola. Isto pode ajudá-lo a tomar decisões mais informadas sobre o funcionamento do sistema.

• Controlo automatizado: Um sistema de filtragem de ar controlado pela IoT pode ser programado para ajustar automaticamente o funcionamento do sistema com base em determinadas condições. Por exemplo, pode configurar o sistema para se ligar automaticamente quando a qualidade do ar desce abaixo de um determinado nível ou quando a humidade sobe acima de um determinado ponto.

• Maior eficiência: Com um sistema de filtragem de ar controlado por IoT, é possível otimizar o funcionamento do sistema com base em dados em tempo real, o que pode ajudar a aumentar a eficiência e a reduzir os custos operacionais.

Em geral, um sistema de filtragem de ar controlado pela IoT pode proporcionar benefícios adicionais numa exploração avícola, permitindo a monitorização e o controlo remotos, fornecendo dados em tempo real e permitindo o controlo automatizado com base em condições específicas.

5.2 Processo de implementação

Para implementar um sistema de filtragem de ar automatizado numa exploração avícola, pode seguir estes passos:

• Determine as necessidades da sua exploração: Considere a dimensão da sua exploração, o tipo de aves de capoeira que está a criar e os requisitos específicos de qualidade do ar e de ventilação das suas aves. Isto ajudá-lo-á a determinar as características e capacidades específicas que o seu sistema de filtragem de ar deve ter.

• Pesquise diferentes opções: Procure os diferentes tipos de sistemas de filtragem de ar disponíveis, incluindo os concebidos especificamente para utilização em avicultura. Considere factores como a eficiência dos filtros, a durabilidade da caixa, a fonte de alimentação e o custo global.

• Escolher um sistema: Seleccione um sistema de filtragem de ar que satisfaça as suas necessidades e se enquadre no seu orçamento. Certifique-se de que lê as opiniões e pede recomendações a outros avicultores para garantir que está a tomar uma decisão informada.

• Instalar o sistema: Siga as instruções do fabricante para instalar o sistema na sua exploração avícola. Isto pode envolver a montagem do sistema num local adequado, a ligação dos filtros e de outros componentes e a ligação da fonte de alimentação.

• Testar o sistema: Quando o sistema estiver instalado, teste-o para garantir que está a funcionar corretamente. Isto pode implicar ligá-lo e desligá-lo, ajustar as definições e monitorizar a qualidade do ar para se certificar de que o sistema está a limpar eficazmente o ar.

•Manutenção do sistema: Limpar e manter regularmente o sistema de acordo com as recomendações do fabricante para garantir que continua a funcionar eficazmente. Isto pode envolver a substituição de filtros, a limpeza da caixa e a verificação de quaisquer questões ou problemas.

5.3 METODOLOGIA

O primeiro passo na metodologia é identificar o problema que o dispositivo de filtragem de ar automatizado irá resolver. Isto pode envolver a realização de pesquisas, consultas com especialistas do sector e análise das necessidades das instalações de criação de aves. Uma vez identificado o problema, o passo seguinte é definir o âmbito do projeto. Isto inclui determinar as características e capacidades específicas do dispositivo de filtragem de ar, bem como o calendário e o orçamento para o desenvolvimento. Para garantir que o dispositivo de filtragem de ar satisfaz as necessidades dos avicultores, deve ser efectuada uma avaliação das necessidades. Isto pode envolver a revisão da literatura existente, a realização de inquéritos ou entrevistas com avicultores e a observação das condições nas instalações de criação de aves. Com os requisitos em mãos, o próximo passo é desenvolver um projeto concetual para o dispositivo de filtragem de ar. Este projeto deve ter em conta os requisitos identificados e considerar a viabilidade do projeto tendo em conta as restrições técnicas e orçamentais. Com o projeto detalhado concluído, o próximo passo é construir um protótipo do dispositivo de filtragem de ar. Este protótipo deve ser rigorosamente testado para garantir que cumpre os requisitos identificados. Uma vez concluído o protótipo, a etapa seguinte consiste em testar e validar o dispositivo de filtragem do ar. Isto implica submeter o dispositivo a várias condições ambientais e medir o seu desempenho em relação aos requisitos identificados.

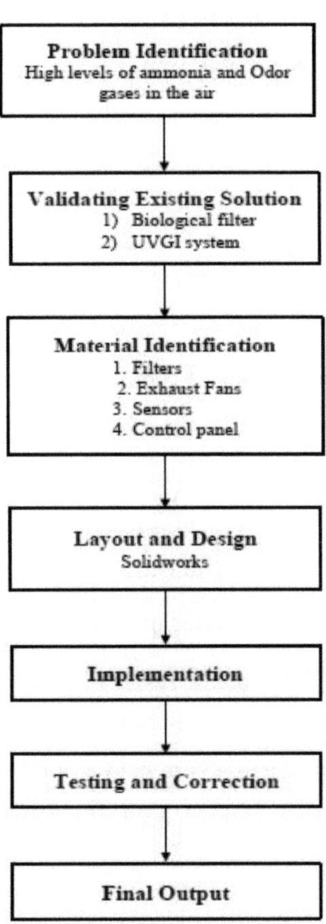

Problem Identification
High levels of ammonia and Odor gases in the air

Validating Existing Solution
1) Biological filter
2) UVGI system

Material Identification
1. Filters
2. Exhaust Fans
3. Sensors
4. Control panel

Layout and Design
Solidworks

Implementation

Testing and Correction

Final Output

CAPÍTULO - 6

MATERIAL NECESSÁRIO PARA O FABRICO

6.1 Componentes

Um sistema automatizado de filtragem de ar para avicultura pode incluir os seguintes componentes:

1. **Filtros:** Estes seriam utilizados para remover o pó, a sujidade e outros contaminantes do ar. Podem ser utilizados filtros de alta eficiência, como os filtros HEPA, para garantir que o ar é o mais limpo possível.

2. **Caixa:** Os filtros e outros componentes do sistema estariam contidos numa caixa, que poderia ser feita de metal, plástico ou outro material durável.

3. **Ventoinhas:** São utilizadas para criar um fluxo de ar e fazer passar o ar através dos filtros. As ventoinhas podem ser alimentadas por eletricidade ou baterias, dependendo da conceção do sistema.

4. **Sensores:** Estes seriam utilizados para detetar a qualidade do ar e acionar o sistema para ligar ou desligar conforme necessário. Exemplos de sensores que podem ser utilizados incluem sensores de pó e sensores de humidade.

i) Sensor de gás MQ-135 - São utilizados em equipamentos de controlo da qualidade do ar para edifícios/escritórios, são adequados para a deteção de NH_3, NOx, álcool, benzeno, fumo, CO_2, etc.

5. **Painel de controlo:** Permite ao utilizador controlar o funcionamento do sistema, incluindo a definição dos níveis de qualidade do ar pretendidos e a ativação dos filtros.

6. **Conectividade IoT:** O sistema terá de estar ligado à Internet para poder ser controlado através da IdC. Isto pode ser conseguido utilizando uma ligação sem fios ou uma ligação com fios, dependendo da conceção do sistema.

i) MÓDULO WIFI ESP8266 - O ESP8266 é capaz de alojar uma aplicação ou de descarregar todas as funções de rede Wi-Fi de outro processador de aplicações.

ii) Placa de desenvolvimento NodeMCU - NodeMCU é uma plataforma de código aberto, o seu design de hardware está aberto para edição/modificação/construção

iii) Blynk App - permite-lhe criar interfaces fantásticas para os seus projectos utilizando os vários widgets que fornecemos.

7. **Fonte de energia:** Um sistema de filtragem de ar automatizado necessita de uma fonte de energia, como uma tomada eléctrica ou uma bateria, para funcionar.

8. **Tubos ou condutas:** Estes podem ser utilizados para encaminhar o ar através do sistema e para o local desejado.

9. **Material de montagem**: Este material é utilizado para fixar o sistema no sítio e garantir que se mantém no lugar durante o funcionamento.

É importante notar que a conceção e a funcionalidade específicas do sistema dependerão das necessidades e requisitos específicos da exploração avícola.

6.2 Diagrama do circuito

Neste caso, a aplicação Blynk pode ser utilizada para ajustar as definições do dispositivo de filtragem de ar, como a velocidade da ventoinha ou o tipo de filtro, a partir de um local remoto. Isto permite um controlo mais conveniente e flexível do sistema.

A unidade recetora, neste caso, é um módulo NodeMCU. O NodeMCU é uma placa de desenvolvimento que contém um chip ESP8266, que é um microcontrolador com WiFi. O NodeMCU pode ser utilizado como meio de receber comandos da aplicação Blynk e controlar o dispositivo de filtragem de ar em conformidade.

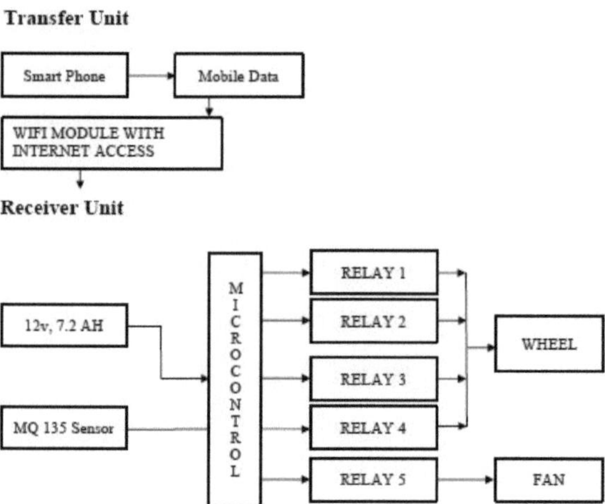

6.3 Software utilizado

1. Solidworks: é um poderoso software de conceção assistida por computador (CAD) que pode ser utilizado para criar modelos 3D do dispositivo de filtragem de ar, que podem ser utilizados para visualizar o dispositivo e identificar quaisquer potenciais problemas de conceção antes de ser fabricado. Isto pode ajudar a reduzir os erros e a poupar tempo e dinheiro no processo de produção. Pode ser integrado com outros programas de software, tais como software de simulação ou software de fabrico, para criar um fluxo de trabalho de conceção e desenvolvimento abrangente para o dispositivo de filtragem de ar.

2. Programa C: O dispositivo de filtragem de ar pode utilizar microcontroladores como o Arduino, o NodeMCU ou o Raspberry Pi para controlar os vários componentes do sistema. A linguagem de programação C é normalmente utilizada para programar estes microcontroladores para ler dados de sensores, controlar a velocidade das ventoinhas e comunicar com outros componentes. Pode ser utilizada para fazer a interface do dispositivo de filtragem de ar com outras aplicações de software. Isto pode incluir a interface com sistemas

baseados na nuvem para monitorização e controlo remotos, ou a interface com software de análise de dados para processamento e visualização avançados de dados.

3. Blynk App: pode ser utilizada para monitorizar e controlar remotamente o dispositivo de filtragem de ar a partir de um telemóvel ou tablet. A aplicação pode apresentar dados em tempo real dos sensores do dispositivo e permitir ao utilizador ajustar várias definições, como a velocidade do ventilador ou as definições do filtro, à distância. Pode ser integrada com outras aplicações de software, como sistemas baseados na nuvem ou software de análise de dados, para fornecer funcionalidades e capacidades adicionais.

CAPÍTULO - 7
DESENHO

7.1 Habitação

Fig.7.1a Alojamento

A figura 7.1a acima é uma mesa de montagem na conceção do projeto e no desenvolvimento de um dispositivo de filtragem de ar automatizado na avicultura, que pode ajudar a garantir que o dispositivo é estável, seguro e posicionado no local ideal para a máxima eficiência.

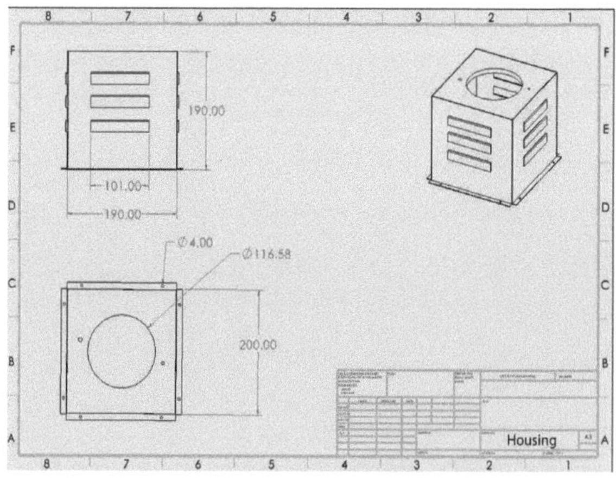

Fig.7.1b Dimensão da caixa

7.2 Filtro

Fig.7.2a Filtro

Os filtros HEPA (filtros de partículas de ar de alta eficiência) podem ser colocados na entrada de ar do sistema de ventilação para reter as partículas e os contaminantes transportados pelo ar antes de entrarem no aviário.

7.3 Exaustor

Fig.7.3a Exaustor

A figura 7.3a acima é um exaustor que pode ser integrado em sistemas de controlo que ajustam automaticamente a velocidade do ventilador com base na temperatura, humidade e outros factores ambientais. Isto pode ajudar a manter uma óptima qualidade do ar e a reduzir o consumo de energia.

7.4 Mesa de montagem

Fig.7.4a Mesa de montagem

A figura 7.4a acima é uma A caixa pode proteger o dispositivo de factores ambientais, como o pó e a humidade, e pode também ajudar a manter o dispositivo seguro e a evitar danos provocados pelas aves de capoeira ou outros animais da exploração.

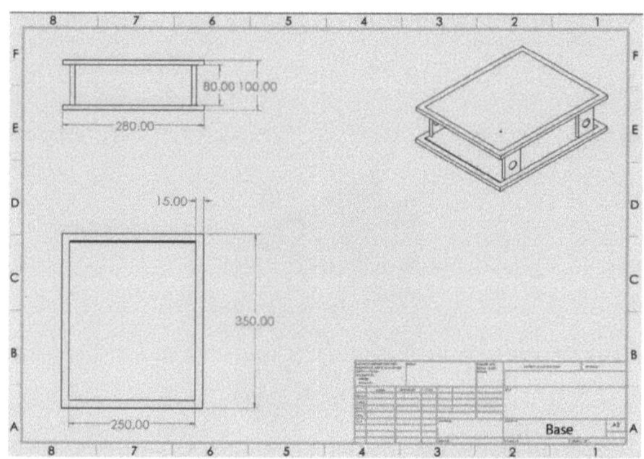

Fig.7.4b Dimensão da mesa de montagem

7.5 Roda

Fig.7.5a Roda

A figura 7.5a é um robô com rodas que pode ser utilizado para deslocar o dispositivo de filtragem de ar pelo aviário, permitindo-lhe filtrar o ar em diferentes áreas, conforme necessário.

7.6 Motor

Fig.7.6a Motor

A figura 7.6a acima é um motor que pode ser utilizado para acionar as rodas ou outros componentes de movimento do dispositivo de filtragem do ar, permitindo-lhe navegar à volta do aviário e filtrar o ar em diferentes áreas.

7.7 MQ135 Sensor

Fig.7.7a Sensor MQ135

A fig7.7a acima é um sensor MQ135 que pode detetar a presença de gases como o amoníaco, o dióxido de azoto e outros gases nocivos que podem ser emitidos por resíduos de aves de capoeira ou outras fontes.

7.8 Nó MCU Módulo

Fig.7.8a Módulo MCU do nó

A figura 7.8a acima é um módulo NodeMCU que pode ser utilizado para ligar o dispositivo de filtragem de ar a uma rede sem fios, permitindo o seu controlo e monitorização remotos a partir de um computador ou smartphone.

7.9 Montagem

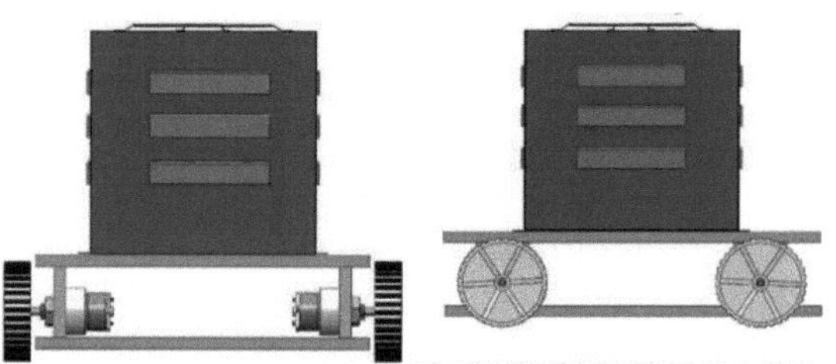

Vista frontal Right view

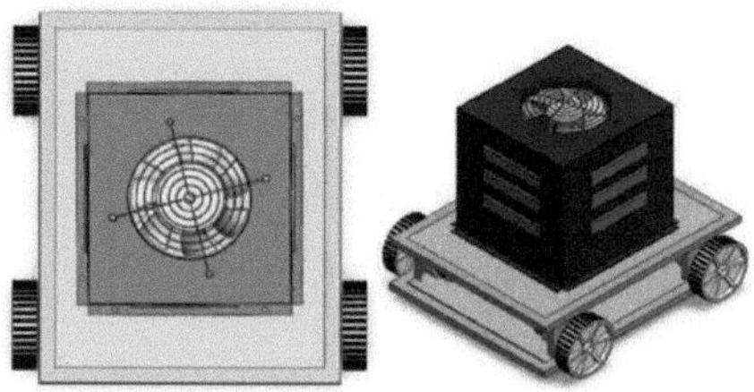

Top view Vista isométrica

Fig.7.9a Montagem

7.10 Explodido View

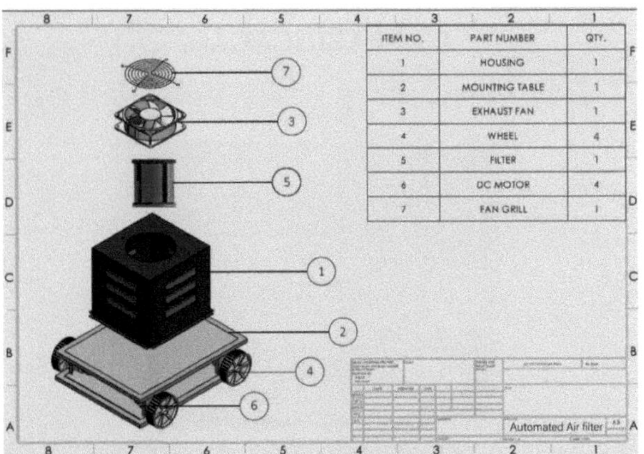

Fig.7.10a Vista explodida

CAPÍTULO - 8

PÓS-FABRICAÇÃO

Vista frontal

Vista superior

Vista lateral

9.1 RESULTADO DO TESTE

No of Trials	Contaminated air (ppm)					
	Time in (Minutes)	00:00	00:15	00:30	00:45	01:00:00
1	45		40	37	31	26
2	46		42	37	33	28
3	46		38	32	29	27
4	43		38	35	30	28
5	47		41	35	30	27
6	45		38	33	29	25
7	41		37	32	26	24
Average (set-I)	45		38	34	30	26
8	42		39	34	28	26
9	39		36	32	27	24
10	43		38	34	30	27
11	46		40	35	31	26
12	44		41	36	33	29
13	44		38	33	29	27
14	47		41	38	35	29
Average (set-II)	44		39	35	30	27

Fig.9.1a Resultado do teste

9.2 REPRESENTAÇÃO GRÁFICA

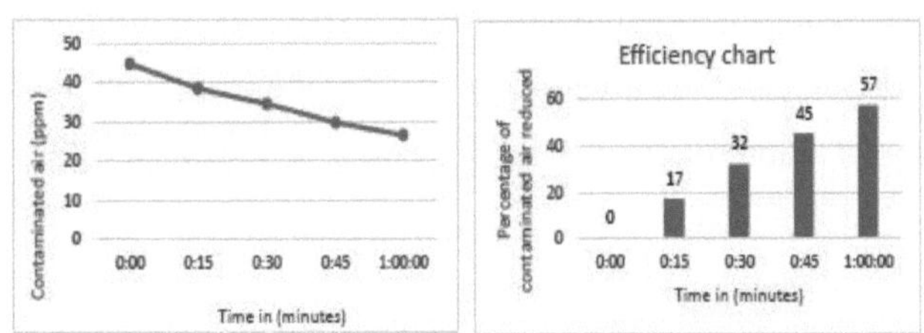

Fig.9.2a Conjunto-I

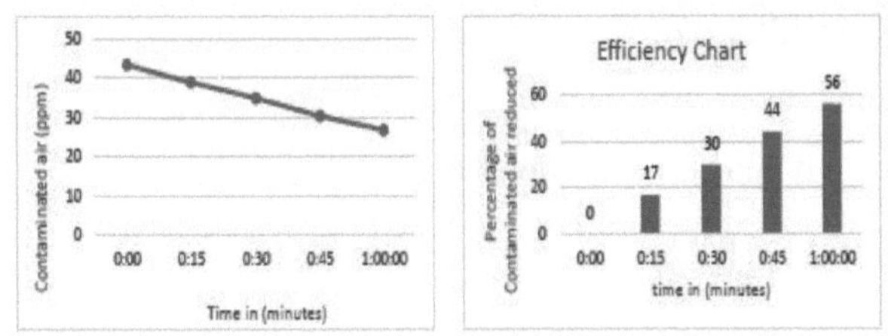

Fig.9.2b Conjunto-II

CAPÍTULO - 10
CONCLUSÃO E ÂMBITO FUTURO

Em conclusão, a implementação de um sistema de filtragem de ar automatizado que é controlado usando a Internet das Coisas (IoT) pode proporcionar inúmeros benefícios numa operação de criação de aves. Estes benefícios incluem a capacidade de monitorizar e controlar remotamente o sistema, aceder a dados em tempo real sobre a qualidade do ar e outros factores, e automatizar o funcionamento do sistema com base em condições específicas.

Existe um potencial significativo para o futuro crescimento e desenvolvimento de sistemas de filtragem de ar controlados por IoT na indústria avícola. À medida que a tecnologia continua a avançar e a adoção de dispositivos IoT aumenta, é provável que cada vez mais avicultores recorram a sistemas de filtragem de ar automatizados para melhorar a qualidade do ar e a saúde geral das suas aves.

No futuro, é possível que sejam desenvolvidos sistemas de filtragem de ar mais avançados e sofisticados, incorporando novas tecnologias e funcionalidades que podem melhorar ainda mais o funcionamento do sistema. Por exemplo, a utilização de inteligência artificial (IA) e de algoritmos de aprendizagem automática pode permitir um controlo ainda mais preciso e exato do sistema, optimizando o seu funcionamento com base numa vasta gama de factores.

De um modo geral, o futuro parece promissor para a utilização de sistemas automatizados de filtragem do ar na indústria avícola e é provável que estes sistemas desempenhem um papel cada vez mais importante para ajudar a garantir a saúde e o bem-estar das aves de capoeira.

REFERÊNCIAS

1. Damian Konkola, Ewa Popielab, Dawid Skrzypczak, "Recent innovations in various methods of harmful gases conversion and its mechanism in poultry farms", Environmental Research, Volume 214, Parte 2, novembro de 2022.

2. Dr. Osama Zahran, "Application of Disinfectant in poultry House", ResearchGate, DOI:10.13140/RG.2.1.2915.3764, janeiro de 2022.

3. Abhishek Mishra, Ambrish Yadav, Abhay Singh, "IOT based air purifier with pollution monitoring system", International Journal of advanced research in Science and Engineering volume 07, July 2021.

4. J. H. Kim, C. H. Lee e K. H. Park, "Um sistema de filtro de ar inteligente utilizando a tecnologia IoT para melhorar a qualidade do ar interior em edifícios comerciais", ResearchGate, DOI:10.3390/atmos12040453, abril de 2021.

5. S. J. Lee, J. H. Kim e C. H. Lee, "Controlo de filtros de ar com base na IoT para melhorar a qualidade do ar interior e a eficiência energética em edifícios comerciais", ResearchGate, janeiro de 2021.

6. Kayla Price, "How to control ammonia levels in poultry houses", blogue Alltech, 14 de setembro de 2020.

7. Eric Dumont, S. Lagadec, N. Guingand, L.Loyon, "Ammonia removal using biotrickling filters", HAL open Science Chemengineering, DOI:10.3390/chemengineering4030049, 18 de agosto de 2020.

8. C. H. Lee, J. H. Kim e K. H. Park, "A Smart Air Filter System Using IoT Technology for Improving Indoor Air Quality", Scienecedirect, 14 de janeiro de 2020.

9. K. Bae, J. K. Park e J. W. Cho , "Um filtro de ar inteligente para monitorização e controlo da qualidade do ar interior baseado na IoT", ResearchGate ., 25 de setembro de 2019.

10. S. Kim, S. Lee e J. Kim, "Controle baseado em IoT de filtros de ar para eficiência energética em sistemas HVAC", ResearchGate, janeiro de 2019.

11. S. J. Lee, J. H. Kim e C. H. Lee, "Um sistema de controlo baseado na IoT para filtros de ar em edifícios comerciais", 4 de setembro de 2018.

12. Minal Goswami,Kirit Bhatt, "Monitorização do ambiente de estufas e aviários inteligentes com base em IOT", IJARIIE-ISSN(O)- 2395-4396, Vol-3 Issue-2 2017.

13. Minal Goswami,Kirit Bhatt, "Monitorização do ambiente de estufas e aviários inteligentes com base em IOT", IJARIIE-ISSN(O)- 2395-4396, Vol-3 Issue-2 2017.

14. Jan Broucek, Cermák B, "Emission of Harmful Gases from Poultry Farms and Possibilities of Their Reduction", março de 2015.

15. S.S. Bajwa, "Automated air filtration systems for poultry farms: A review", Multidisciplinary Digital Publishing Institute, janeiro de 2015.

16. J. H. Kim, C. H. Lee e K. H. Park, "IoT-Based Control of Air Filtersfor Improved Indoor Air Quality and Energy Efficiency", Research Gate, setembro de 2015.

17. J.L. Johnson, "Evaluation of an automated air filtration system in a turkey-rearing facility", Multidisciplinary Digital Publishing Institute, junho de 2006.

18. R.W Melse, N.W.M Ogink "Air scrubbing techniques for ammonia and Odor reduction at livestock operations", American Society of Agriculture and biological engineers, ASAE, dezembro de 2005.

19. M.B. Kestin, "The influence of an automated air filtration system on air quality and respiratory health in broiler chickens", ScienceDirect, abril de 2000.

20. Warren L. Roller, "Filtration Of Poultry House Air", Research bulletin 979, março de 1961.

21. Haikun Zheng, Tiemin Zhang, Cheng Fang, Jiayuan Zeng, "Design and Implementation of Poultry Farming Information Management System based on

Cloud Database", National Center For Biotechnology Information-Doi: 10.3390/ani110309002021 Mar 22.

22. L N Drury, W C Patterson, C W Beard, "Ventilating poultry houses with filtered air under positive pressure to prevent airborne diseases", National Center for Biotechnology Information - DOI: 10.3382/ps.0481640,1969 Sep.

23. Ehab Mostafa, "Indoor air quality improvement from particle matters for laying hen poultry houses", ResearchGate, -DOI: 10.1016/j.biosystemseng.2011.01.011, maio de 2011.

24. Cindy Wenke,Janina Pospiech,Tobias Reutter, "Impact of different supply air and recirculating air filtration systems on stable climate, animal health, and performance of fattening pigs in a commercial pig farm",PLOS Journal, https://doi.org/10.1371/journal.pone.0194641, March 20, 2018.

25. Cecep Hidayat, Sri Purwanti, "Reduzir a poluição atmosférica das explorações de frangos de carne", ResearchGate-DOI:10.1088/1755-1315/788/1/012150, junho de 2021.

26. Peter Olalekan Idowu, Oluwole Adegbola, "Conceção e implementação de um sistema inteligente de gestão de explorações avícolas controladas", ReasearchGate, setembro de 2021.

27. Cosmas Ogbuka, "Design and Implementation of an Automated Feeding System for Poultry Farms" (Conceção e implementação de um sistema de alimentação automatizado para explorações avícolas), Conferência Internacional sobre Engenharia Industrial e Gestão de Operações, Roma, 5 de agosto de 2021.

28. Terapong Boonraksa, Promphak Boonraksa, "The Design of Automatic Chicken Feeders Machine Controlled by a Smartphone", International Journal of Science and Innovative Technology (IJSIT)-Vol. 5 No. 1 (2022),Jun 15, 2022.

29. Paola G. Vinueza-Naranjo,Hieda Silva, "IoT-Based Smart Agriculture and Poultry Farms for Environmental Sustainability and Development",ReasearchGate- DOI:10.1007/978-3-030-75123-4_17,May 2021.

30. Iker Esnaola-Gonzalez,Meritxell Gómez-Omella,Susana Ferreiro, "An IoT Platform towards the Enhancement of Poultry Production Chains",National Center For Biotechnology Information -doi: 10.3390/s20061549,11 Mar 2020.

31. Chakchai So-In, Sarayut Poolsanguan, Kanokmon Rujirakul, "Um sistema híbrido de gestão móvel do ambiente e da densidade populacional para explorações avícolas inteligentes",Association for máquinas de computação-doi.org/10.1016/j.compag.2014.10.004,01 de novembro de 2014.

32. Stella Ifeoma Orakwue,Hamza Mohammed Ridha Al-Khafaji, "Sistema de monitorização inteligente baseado na IoT para uma avicultura eficiente",Webology- DOI:10.14704/WEB/V19I1/WEB19270,18 de dezembro de 2021.

33. Wariston Fernando Pereira, Leonardo da Silva Fonseca, Fernando Ferrari Putti, "Monitoramento ambiental em um aviário utilizando um instrumento desenvolvido com o conceito de internet das coisas",ScienceDirect-https://doi.org/10.1016/j.compag.2020.105257,Volume 170, março de 2020.

Printed by Books on Demand GmbH, Norderstedt / Germany